U0248465

跟Max Axiom博士一起

制作超酷的建筑模型

【美】塔米·恩茨（Tammy Enz）著

吴月 译

科学顾问：摩根·海恩斯（Morgan Hynes）博士

（美国普渡大学工程教育系助理教授）

化学工业出版社

·北京·

图书在版编目（CIP）数据

制作超酷的建筑模型/（美）塔米·恩茨（Tammy Enz）著；吴月译.
北京：化学工业出版社，2017.3
（漫画科学系列）
书名原文：Super Cool Construction Activities
ISBN 978-7-122-28933-9

Ⅰ.①制… Ⅱ.①塔…②吴… Ⅲ.①模型（建筑）-制作-普及
读物 Ⅳ.①TU205-49

中国版本图书馆CIP数据核字（2017）第013937号

Super Cool Construction Activities with Max Axiom/by Tammy Enz
ISBN 978-1-4914-2282-3

北京市版权局著作权合同登记号：01-2017-0604

责任编辑：张 艳 刘 军　　　　　　　　　　　　装帧设计：王晓宇
责任校对：王 静

出版发行：化学工业出版社（北京市东城区青年湖南街13号　邮政编码100011）
印　　装：北京瑞禾彩色印刷有限公司
710mm×1000mm　1/16　印张2　字数36千字　2017年3月北京第1版第1次印刷

购书咨询：010-64518888（传真：010-64519686）　　售后服务：010-64518899
网　　址：http://www.cip.com.cn
凡购买本书，如有缺损质量问题，本社销售中心负责调换。

定　　价：19.80元　　　　　　　　　　　　　　　版权所有　违者必究

目录

超酷的建筑实验 ·················· 4

堤坝 ·························· 6

拱门 ·························· 8

高速公路立交桥 ················ 10

悬索桥 ······················ 13

污水处理系统 ················· 16

液压吊桥 ···················· 19

报纸金字塔 ··················· 22

闸室 ························· 26

词汇表 ······················ 30

延伸阅读 ···················· 31

堤坝

　　这次，换你来建造一个堤坝。大型的堤坝一般建在河流的洪泛区，以保护我们的城市和家园，工程师们经常为了提高堤坝的强度而将不同的材料混合在一起，下面请利用一些简单的物品，建造你自己的堤坝吧！

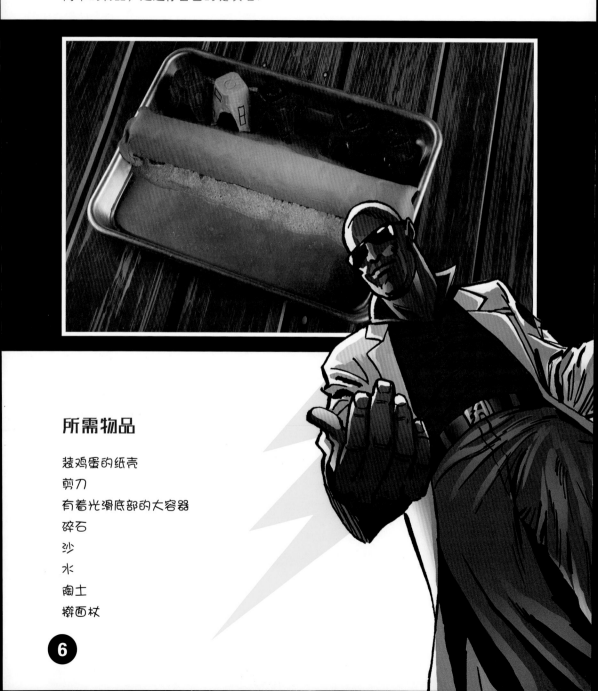

所需物品

装鸡蛋的纸壳
剪刀
有着光滑底部的大容器
碎石
沙
水
陶土
擀面杖

操作步骤

2. 用碎石在大容器上堆出一个5到7厘米高的"墙"。

1. 使用剪刀，从装鸡蛋的纸壳上剪出四到五个鸡蛋杯子，将它们倒置在大容器上。这些小纸壳是不是看起来很像洪水泛滥之地的房屋？

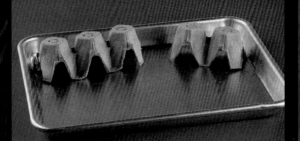

3. 融合少量的水和沙使"碎石墙"变得湿润一些，并将一些沙子紧紧地压在它的周边。

4. 将陶土揉捏成一个和大容器长度宽度相当的长条，并将长条放在已经做好的堤坝上，拍打它，使它和大容器、堤坝无缝衔接。

5. 在装着纸壳的对侧，缓缓地加入水来演示洪水的到来。

6. 请注意观察哪个部位比较薄弱或者漏水，使用更多的碎石将薄弱的地方打造地更加坚实，并用黏土来填充漏水的地方。

⚡ 延伸实验

　　工程师们使用名叫"土工织物"的纤维来防止大水将土壤冲散。试着拿一个装水果的麻袋当作"土工织物"来包裹你的堤坝，有没有发现，这个"土工织物"的确增强了堤坝的韧性？

洪泛区是一个靠近溪水或是河流的地势较低的区域。每当在风暴前来临时，这个区域极易遭受泛滥洪水的袭击。

拱门

古代的建造师们通常是在不使用水泥的情况下直接建造出石拱门的，它们是如何做到的呢？机密在于石拱门中最重要的一块石头——"关键石"——石拱门顶端的那块石头，这块楔形的石头将所有的石头都聚集了起来。接下来让我们制作一个简易的泡沫拱门来实验一下这个"关键石"的理论是否正确吧。

所需物品

46平方厘米、5厘米厚的泡沫板
泡沫切割器（刀）
尺子
铅笔

安全须知

使用泡沫切割器时，一定要有成年人在旁边哦。

操作步骤

1. 切割出一个13平方厘米的泡沫板。

2. 在正方形的边上标记出一个距离角4厘米的点，画一条线连接该点和相反方向的角，沿着这条线切割出一个三角形。

3. 重复步骤1和2，再制作出1个相同形状的泡沫板。

4. 在剩下的泡沫板上画出一个梯形，保证其长边等于5厘米，短边为4厘米，高度为2.5厘米，并切割出来。

5. 重复步骤4再制作出4个梯形泡沫板。

6. 将两个顶端被截削的泡沫板立起来放置，中间距离为11厘米。这两个三角泡沫板将会成为拱门的支撑部分。

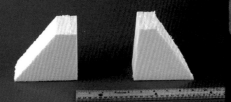

7. 现在开始来塑造一下拱门的形状，将一个梯形的斜边与另一个梯形的斜边重叠起来放置在右边的支撑部分上，并用同样的方法再放置一个在左边的支撑部分上，请务必将这四个梯形握好哦。

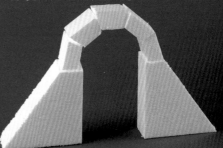

8. 让一个朋友或家人来帮助你放置最后那个"关键石"，将它放在已经重叠好的梯形中间，最终锁定了各个泡沫板所在的位置并完成了我们的拱门实验

⚡ **延伸实验**

使用额外的泡沫板制作一个桥梁或者是一个跨度更大的拱门，试着制作两倍或者三倍大小的泡沫板来做出更大的拱门或者构筑物。看看最终能做出多高的拱门吧！

截平——用截削掉物体顶端的方法使物体缩短。

梯形——一个只有两条平行边的四边形。

高速公路立交桥

在城市中，高速公路立交桥通常都很繁忙，它们是由一条条道路和斜坡彼此层叠、环绕的交通网络。交通工程师们常常设计一些环形的道路，这样驾驶员们就可以安全地进入、离开高速公路了。这些环路可以保证车辆在不飞离道路的情况下急转弯。下面通过建造一个能让弹珠安全滚动的高速公路立交桥来测试一下你的工程技术能力吧。

所需物品

2条76厘米长的礼物包装管

尺子

1支削过的铅笔

11支没有削过的铅笔

2个30厘米长的纸筒

热胶枪

12个坚固的纸盘

剪刀

打包胶带

弹珠

安全须知

实验过程中，请在征求成年人同意后使用热胶枪。

1. 从礼物包装管的一头开始标记出第一个点（2.5厘米处）、第二个点（23厘米处）、第三个点（43厘米处）、第四个点（58厘米处）、第五个点（73厘米处），用一根削过的铅笔将所有的点都戳成小孔，重复上面的步骤做出另一个礼物包装管。

2. 将未削过的铅笔插入小孔中用以连接两个礼物包装管。

3. 在纸筒上，距离两端2.5厘米处分别标记两个点，并用步骤2的方法将两个纸筒连接到一起。

4. 将小的矩形平面放在地板上，在纸筒上平面戳出四个小孔，并用四根未削过的铅笔插到小孔中，注意哦，这四根铅笔必须垂直于矩形平面。

5. 将两个矩形平面立起来，用小矩形平面上的铅笔在大矩形平面上的对应位置戳出小孔，将两个矩形平面连接起来，最终做成一个塔的形状。

重要：一定要确保每条线与另一条线形成直角，看起来像字母T，这两条线相互垂直。

6. 调整一下铅笔和管子，用热胶将它们都固定好，保持在一个安全的范围。

7. 在纸盘平底与纸盘边交界处向内1厘米处标记一个圈，沿着该圈剪下一个纸盘环，备用。

8. 将一个纸盘环倒扣在另一个纸盘环上，形成一个槽。将所有的环按照同样的方式做成槽，并前后粘连起来，形成一个长的槽。

9. 将槽的一端粘贴在塔最高的铅笔处，然后围绕着一根礼品包装管向下延伸，丢一颗弹珠在槽上进行测试，保证弹珠不会飞离纸槽。请一边测试一边将纸槽链接好直到形成一个自上而下盘绕成圈的结构，请一直不断地测试哦。

10. 当纸槽最底端抵达平地，从最顶端丢出一颗弹珠来测试整个立交桥，根据实际情况调整纸槽，使得弹珠能够顺利地自上而下地滚落。

⚡ 延伸实验

　　再依样制作另一个立交桥，之后用弹珠在这些立交桥上赛跑一下，不要撞车哦！

悬索桥

悬索桥使用固定的缆索来承载桥面的重量，悬索桥由于比其它桥要大得多的跨度而出名，它们能够轻松地跨过600米到2100米的距离，准备好体验悬索桥背后令人敬畏的工程吧！

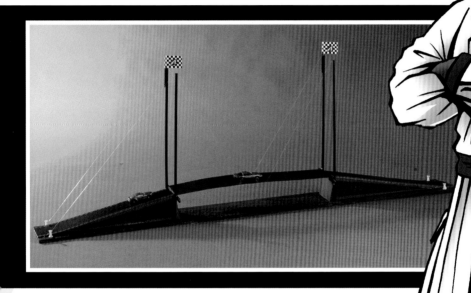

所需物品

86厘米×11厘米的胶合板一块

尺子

铅笔

钻

5毫米的钻钉

4根木棍

手工刀

热胶枪

2根木质工艺棍

32厘米×8厘米尺寸的纸

胶带

4颗图钉

2根152厘米长的鱼线

空的麦片盒子

剪刀

操作步骤

1. 沿着胶合板两条长边向内1厘米处标出两条平行线，在这两条平行线上标记出距离胶合板短边2.5厘米、28厘米、58厘米及84厘米处。请大人帮忙在这几个点打出小孔。

2. 在成年人的帮助下，用手工刀将4根木签钝的一端1厘米处削出一个小小的缝隙。

3. 将4根木签插进胶合板中间的四个孔中，慢慢旋转木签，保证木签上切出的缝隙能够与胶合板，最后用热胶枪将它们固定住。

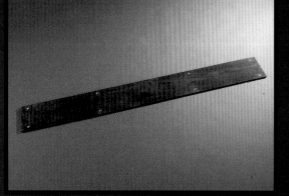

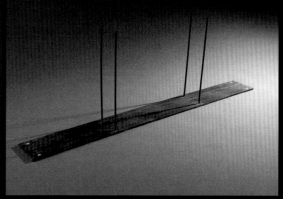

4. 从每根木签的底部向上测量并标记出5厘米处，将工艺棍的顶端横跨过上述标记，并用胶水粘贴上，以形成如下图所示的两个H形图案。

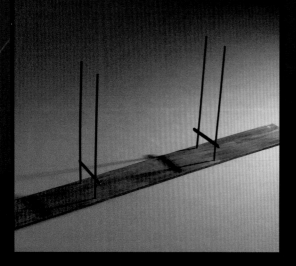

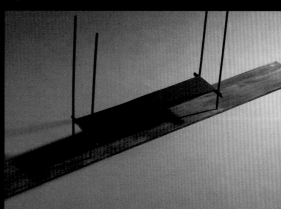

5. 在纸的短边向内0.5厘米处做出标记，并沿着该标记向内折叠，将折叠好的边挂在工艺棍上，并用胶带固定起来，最终做成一个桥面。

6. 将图钉按在胶合板上剩下的孔中。

7. 将鱼线的一端缠绕并固定在某一颗图钉上，接着经过离该图钉最近的一根木签顶端然后再往下从桥面底端穿过。

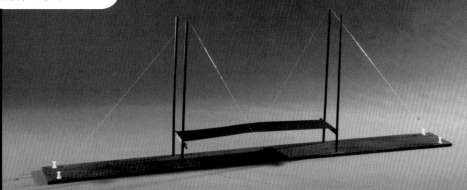

8. 用胶带将鱼线与桥面固定住，接着鱼线穿过对角的木签顶端，最后再在离该木签最近的图钉上缠绕并固定住，要注意，鱼线绷紧的同时，桥面也要保证平滑哦。

9. 重复步骤7和步骤8完成另一侧。

10. 把麦片盒子放平，从盒子底部的一个角沿短边标记出5厘米处，沿长边标记出25.5厘米处，在两个标记之间画出一条直线连接两点，将盒子翻转过来，用同样的方式画出另一条线，并沿着这两条线切割出一个楔形。

11. 重复步骤10，将麦片盒子的另一端也切割出相同的楔形，将这两个楔形放置在桥的两端形成桥台。

12. 在桥面上放置一个小型车辆，你会看到鱼线为了承受车辆的重量而绷紧起来。

⚡ 延伸实验

　　用不同的材料来制作桥面，你能够使玻璃纸起到桥面的作用吗？还是说用纸板来制作桥面会让这个悬索桥更加强韧？

平行——在同一平面内的两条直线永不相交（也永不重合）。
桥台——一个直接承受压力的桥梁构成部分。

污水处理系统

    不知你是否思考过，当我们冲厕所或排掉水槽中的污水后，这些污水会得到怎样的处理？下面我们将构建一个简单的双槽**污水处理系统**使得这些污水在重新回归到大自然之前能够与固体进行分离并得到清洁。

所需物品

2升装的苏打水（或饮料）空瓶

尺子

记号笔

手工刀

牛奶罐

36厘米×20厘米的胶合板

2根吸管

热胶枪

25厘米长的2厘米×4厘米板子

2个棉花球

干净的沙

干净的碎石

小碟子

脏水

安全须知

    在使用热胶枪和手工刀时一定要有大人在旁边哦。

污水处理系统——一种用于处理废水的带储水槽的排水系统

操作步骤

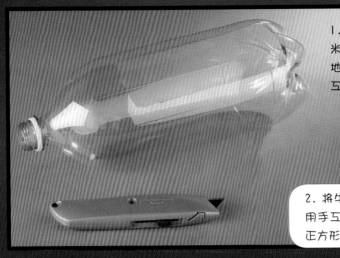

1. 在2升的苏打水瓶上画出一个5厘米宽13厘米长的椭圆形，且椭圆窄的地方应该从瓶子的一端开始。用手工刀小心翼翼地切下这个椭圆形。

2. 将牛奶罐平放，把手的地方朝上，用手工刀小心地在顶部切出一个大的正方形。

3. 将两根吸管以平行距离5厘米的位置放在胶合板的中间，且吸管的一端要与胶合板的短边重合到一起，用热胶枪将它们固定住（如下图所示）。

4. 将苏打水瓶放置在两根吸管之间用以固定，且保证水瓶的椭圆切口朝上，水瓶底部与胶合板短边重合。

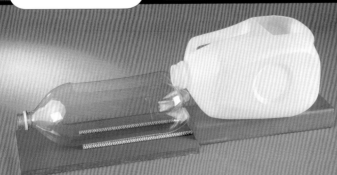

5. 将25厘米长的2厘米×4厘米板子紧贴着胶合板放在后面，将牛奶罐的被切割面朝上放置，然后将牛奶罐的罐口与水瓶上被切下的椭圆切口相重叠。

6. 在水瓶的颈部紧紧地塞入棉花球。

7. 棉花球之后倒入一些干净的沙子。

8. 再用干净的碎石放在沙子后面空着的地方。

9. 放置一个小碟子在水瓶出水口处。

10. 慢慢地将污水倒入牛奶罐。

11. 看着污水中的固体慢慢下沉到牛奶罐的底部，剩下的水开始流向苏打水瓶，然后被水瓶中的碎石和沙子净化掉，之后从水瓶流出来的水将会是干净的水。继续往里面倒入污水，每一次水位到达罐口时，它都会先流入碎石中进行过滤（虽然最后流出来的水看起来很干净，但是不要喝它，因为这个系统不能除掉所有的细菌和化学物质）。

12. 冲洗一下第一个罐子中的固体，让罐子变成初始模式。

⚡ 延伸实验

　　在现实生活中的污水处理系统中，当第一个槽被固体所填满时，这些固体将被泵出：设计一个系统来抽出第一个槽中的固体，一个带有大注射器的软管可能会完成这项任务，试试吧！

液压吊桥

　　一个横跨航运要道的桥梁可能会给船只带来一个巨大的问题——船只太大、桥梁太矮以至于无法通过。工程师们设计出了一个能够完美解决该问题的东西——吊桥。吊桥的升降功能能够满足船只通过的需求，让我们来看看一个液压吊桥是如何工作的。

所需物品

- 3根木签
- 尺子
- 铅笔
- 剪刀
- 4个带卷筒卫生纸的卷筒
- 锋利的指甲
- 8个大型木质工艺棒
- 热胶枪
- 2颗小孔螺丝
- 27厘米×14厘米的纸板
- 2个注射器
- 30厘米长的塑料软管（内径3毫米）

安全须知

　　在使用热胶枪时一定要有大人在身边哦。

操作步骤

1. 从三根木签较钝的那一端开始测量并标记出11厘米的位置，用剪刀剪断并将剩余的签丢掉。

2. 取出一个卫生纸卷筒，在距离卷筒一端的1厘米处做出标记，并用锋利的指甲在标记处戳出一个小孔，用同样的方法再处理另一个卷筒，用一根木签插进两个卷筒的小孔中起到连接作用，最终形成右图的样子。

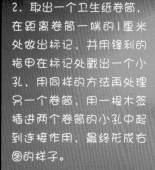

3. 在剩下的两个卷筒上分别标记出两个点，第一个点位于距离卷筒一端1厘米处，第二个点在第一个点的基础上水平向左／右平移1厘米处，在标记上戳出小孔，并用木签连接两个卷筒，使得两根木签相互平行（如下图所示）。

4. 取出六根大型木质工艺棒，用剪刀将每个工艺棒的其中一端剪成一个圆圆的、有弧度的形状。

5. 将步骤4中剪出来的工艺棒三根一排地放置，共两排，将两排工艺棒方形的一段连接起来放置。

6. 将剩下的工艺棒剪成3个5厘米长的小段，将其中一个放在步骤5中工艺棒连接起来的中间位置，并用胶水固定住，接着将剩下的两个5厘米长的小段分别放置在距离两端2.5厘米处，同样用胶水固定住，最终完成了我们的桥面（见右图）。

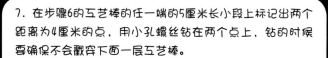

7. 在步骤6的工艺棒的任一端的5厘米长小段上标记出两个距离为4厘米的点，用小孔螺丝钻在两个点上，钻的时候要确保不会戳穿下面一层工艺棒。

8. 将步骤2中的其中一个卷筒从木签上取出来，然后让木签穿过工艺棒上的小孔螺丝，然后再将被取出来的卷筒放回原位（如下图所示）。

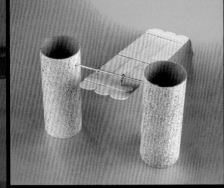

9. 将整个桥梁结构放在一块纸板上，保证每一个卷筒在纸板的四个角上（如下图所示），用胶水将它们固定住。

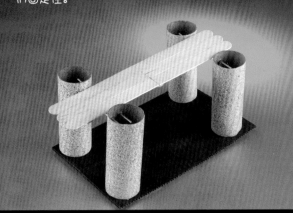

10. 将两个注射器的尖端分别插入软管的两端，并拔掉其中一个注射器的柱塞。保持另一个注射器处于无空气状态，在朋友帮助下，在无柱塞的注射器中注满水。

然后往外推另一个注射器中的柱塞，使得软管中注满水，将被拔掉的柱塞塞回原本在的注射器中，调整注射器，保证一个注射器处于关闭状态时，另一个处于打开状态。

11. 把注射器的尾端插入到步骤3中互相平行的木签之间，将注射器针筒凸缘（非柱塞）卡在两根木签之间起到支撑作用，用胶水固定住这个装置。

12. 推拉另一个注射器的柱塞来升高或者降低桥面的高度。

⚡ **延伸实验**

　　用改变液压位置的方式来试验一下桥的升降程度，即如果把液压系统放置于桥的中心位置或者是靠近另一端的地方，会发生什么呢？

凸缘——从某物伸出的唇边或者边缘

报纸金字塔

　　在埃及人建造金字塔的时候，它们选择了一个能够经得住时间考验的形状，但为什么这些结构能够坚挺好几千年？除了选择石头作为建材之外，金字塔宽大的底座和狭窄的尖顶都显示出了令人难以置信的稳定性。让我们用报纸和胶带来制作一个金字塔来测试一下它的韧性和稳定性。

所需物品

30张到40张报纸

打包胶带

尺子

剪刀

订书机

铅笔

操作步骤

1. 将两张报纸平铺在地上，短边挨着短边，用胶带将重合的短边粘贴起来。

2. 将报纸紧紧地卷起来形成一个管状，用胶带把松的一边缠绕好。

3. 从管的两端分别向内剪掉13厘米，用胶带把两边包裹一下让它更坚韧。

4. 重复步骤1到步骤3，再制作出三根相同长度的管子。

5. 将三张报纸平铺在地上，短边挨着短边，用与步骤1和步骤2相同方式来制作出管子，从管子的两端向内剪掉13厘米。

6. 重复步骤5，再制作出三个相同长度的管子。

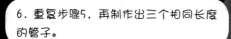

8. 将它们首尾相连地钉在一起，制作成金字塔的底座。

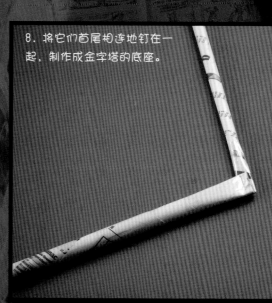

7. 将四根较短的管子首尾相连地拼成一个正方形。

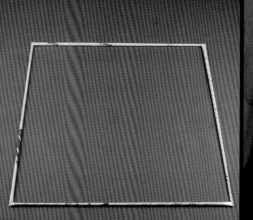

10. 把四根长管扶起来，并用订书机将四个顶端钉在一起，最终形成了金字塔的骨架（如下图所示）。

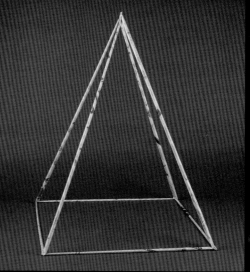

9. 将四根长管的一端分别钉在底座的四个角上，并确认长管的另一端都是向内倾斜的。

11. 将几张报纸并排放置，形成一个大到足以覆盖金字塔侧面的大小，用胶带将它们粘在一起。

13. 用胶带将剪下的三角形报纸粘在金字塔骨架上。

12. 把金字塔骨架的一侧放置在报纸上，沿着金字塔轮廓往外2.5厘米处标记出来，并剪下来。

14. 重复步骤10到12将另外两侧也用报纸覆盖上。

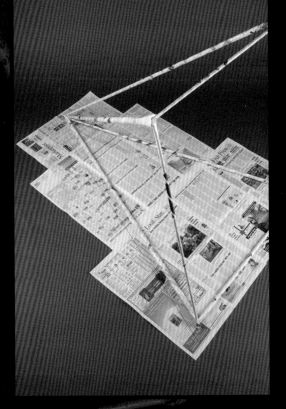

15. 从一张报纸上剪一个小一些的三角形覆盖在金字塔骨架剩下的那一侧的顶部，以留出空间供进出。

⚡ 延伸实验

比较一下上述实验做好的金字塔骨架和其它形状的骨架，试着用同样的方式做出一个相同大小底部的正方形骨架，对比一下，哪个骨架更加强韧？

闸室

河流上的水坝能够利用能量来发电，利用这个原理，还能通过船闸表控制水位，以帮助轮船和驳船安全通过，但是水坝另一边的水位往往相差几十米，那么，一艘船是如何从一个水位安全地移动到另一个水位呢？答案就是——**水位调节**系统。通过一个自制的水闸闸室可以让你的迷你船漂浮在水面上，让我们看看它是如何工作的。

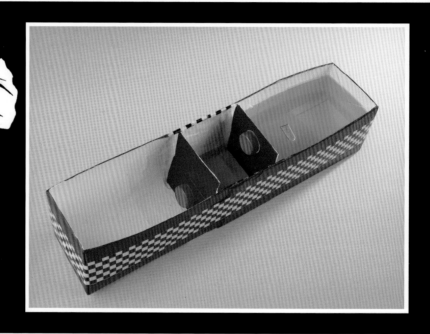

所需物品

2个1升的果汁盒（需要有瓶盖）

剪刀

尺子

胶带

泡沫耳塞

操作步骤

1. 小心翼翼地剪掉果汁盒最顶端的那一条胶粘的部分。

2. 打开果汁盒的顶部，将有瓶盖的一侧面向上水平放置，用剪刀小心地将有瓶盖的一侧剪出来（见右图）。

3. 重复步骤1和步骤2，将另一个果汁盒也剪出同样的形状。

4. 如下图所示，将一个盒子放置在另一个盒子里面，让它们的底部相对立以形成一个更大的矩形框，两个盒子相互重叠的部分约有5厘米即可。

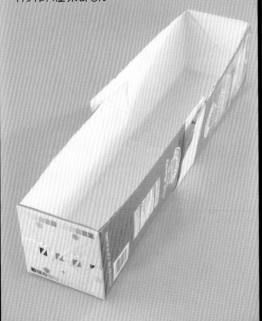

5. 用胶带将两个盒子粘在一起，尤其是两个盒子的重叠处需要用胶带由内至外地反复包裹粘贴，以保证盒子不会漏水。测量盒子的高度a，并记录下来。

6. 拿出步骤3中剪出来的带有瓶盖的部分，在距离瓶盖最近的边的a+5厘米处画一条平行线，并沿着该线剪出来。

水位调节系统——一个在两端都有阀门的蓄水区域，水位调节系统能够有效帮助船只从一个水位移动到另一个水位

7. 在距离瓶盖最近的边a处画出一条平行线，并沿着这条线向内折，形成90度（见下图）。

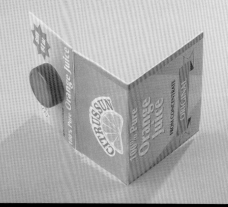

8. 将这片纸板放进纸盒中距离中心4厘米处，瓶盖应当面对着纸盒较远一端，用胶带将它们缠绕好，保证每条边都不会漏水。

9. 另一个带瓶盖的纸板上，在距离瓶盖最近的边a处画出一条平行线，并沿着这条线剪开。

10. 在距离前一个带瓶盖的纸板再往前8厘米处放置步骤9中的纸板，但是要注意，这个纸板的瓶盖同样要朝向同一个方向，但瓶盖要在靠下的位置，用胶带将它们都粘合起来。

11. 把泡沫耳塞切割成一般的长度来作为小船。

12. 瓶盖上的盖子还在的时候，将小船放在你做出来的第一个空间中，并用水把第一个空间灌满，扭开第一个盖子，观察一下这些水的水位是如何变成一样的，轻轻地把小船推过盖口，进入第二个空间。

13. 打开稍微矮一些的盖子。让两个空间的水位平衡，这样小船又可以进入到第三个空间了。

14. 把小船向后送回去，先将小船移到中间的空间中，关闭稍微矮一些的盖子，在第一个空间中加入更多的水，让小船能够移回更高的水位。

15. 不断调整水位然后重复实验。

⚡ 延伸实验

在阀门开启时，一条河会有源源不断的流水将每个池子填满，试着加入一些软管和排水系统来制作一个更加接近实际情况的河流系统。

词汇表

槽——两边高起，中间凹下的物体，长且狭窄

垂直——是指一条线与另一条线成直角，看起来像字母 T，这两条线相互垂直

洪泛区——一个靠近泉水或是河流的地势较低的区域，每当狂风暴雨来临时，这个区域极易遭受泛滥洪水的袭击

截平——用截削掉物体顶端的方法使物体缩短

平行——在同一平面内的两条直线永不相交（也永不重合）

桥台——一个直接承受压力的桥结构部分

水位调节系统——一个在两端都有阀门的蓄水区域，水位调节系统能够有效帮助船只从一个水位移动到另一个水位

梯形——一个只有两条平行线的四边形

凸缘——从某物伸出的唇边或者边缘

污水处理系统—— 一种用于处理废水的带储水槽的排水系统

延伸阅读

著名的建筑专家

茅以升（1896—1989年）土木工程学家、桥梁专家、工程教育家，中国科学院院士，美国工程院院士。20世纪30年代，他主持设计和建造了第一座由中国人自己设计并主持建造的近代化铁路公路两用桥——钱塘江大桥。1978年，茅以升主持修撰了《中国古桥技术史》，对中国古桥建筑从技术上作了总结。他主持铁道技术研究所和铁道科学研究院长达30年之久。为中国铁路运输生产建设提供了大量科研成果，培养了大批科技人才。

张含英（1900—2002年），水利专家，我国近代水利事业的开拓者之一。在对黄河的治理与开发，做出了不可磨灭的贡献。以现代科学的观点与传统治河经验相结合，理论联系实际，写出《历代治河方略探讨》、《黄河治理纲要》等十多种治黄论著。他贯彻上中下游统筹规划、综合利用和综合治理的治黄指导思想，为治黄事业，从传统经验转向现代科学指明了方向。

贝聿铭（1917年— ），华裔建筑大师。先后于麻省理工学院和哈佛大学就读建筑学，获得1979年美国建筑学会金奖，1981年法国建筑学金奖，1989年日本帝赏奖，1983年第五届普利兹克奖及1986年里根总统颁予的自由奖章等。贝聿铭作品以公共建筑、文教建筑为主，被归类为现代主义建筑，善用钢材、混凝土、玻璃与石材。他的代表建筑有美国华盛顿特区国家艺廊东厢、法国巴黎卢浮宫扩建工程。被誉为"现代建筑的最后大师"。

漫画科学系列
各分册内容简介

制作超酷的建筑模型

超酷的建筑实验
堤坝
拱门
高速公路立交桥
悬索桥
污水处理系统
液压吊桥
报纸金字塔
闸室

跳入超酷的力和运动世界

跳入力和运动的世界
辣手神探
掉落的硬币
棉花糖弹弓
弹弹球
瓶子船
气球车
摩擦的乐趣
乒乓球和水瓶的把戏
杯中的人造重力
行走的弹珠

玩转超酷的化学反应

超酷的化学反应
泡泡液滴
吸热的袋子
怪物牙膏
小型魔力灭火器
消失的蛋壳
有趣的骨头
打磨的铜币和钢钉
牛奶塑料
黏糊糊的胶水
魔幻变色实验

设计超酷的机械装置

超酷的机械
气垫飞行器
滑轮系统
潜水艇
钟摆画笔
泵钻
投石机
水力绞盘
液压挖掘臂
电力风扇马达